Nachhaltige Stadtentwicklung in wachsenden Städten am Beispiel Freiburg

Die Bedeutung der Nachhaltigkeit bei der Stadterweiterung von Dietenbach

Felizitas Wegmann

Bibliografische Information der Deutschen Nationalbibliothek:

Die Deutsche Nationalbibliothek verzeichnet diese Publikation in der Deutschen Nationalbibliografie; detaillierte bibliografische Daten sind im Internet über http://dnb.d-nb.de abrufbar.

ISBN: 9783346807380
Dieses Buch ist auch als E-Book erhältlich.

Nachhaltige Stadtentwicklung in wachsenden Städten am Beispiel Freiburg

„Welche Rolle spielt das Konzept der Nachhaltigkeit bei der Planung der Stadterweiterung am Beispiel Dietenbach?"

Universität Koblenz-Landau, Campus Landau

Fachbereich 7: Natur- und Umweltwissenschaften

Abteilung für Geographie

Modulabschlussarbeit im Modul 3

Wintersemester 2020/2021

Felizitas Wegmann

Studiengang: Bachelor of Education

Studienfach: Geographie

Fachsemester: 4

INHALT

Abbildungsverzeichnis

1. Einleitung

Die Stadt Freiburg (Freiburg, Stadt Freiburg.de, 2020) schätzt, dass bis zum Jahr 2050 die Bevölkerung auf mehr als 10 Milliarden Menschen wachsen wird und 75% der Bevölkerung in Städten leben. Es wird vermutet, dass Städte 90% der Weltwirtschaftskraft ausmachen werden und fast 90% der weltweit zur Verfügung stehenden Energien verbrauchen. Außerdem werden sie für 70% der globalen CO_2-Emissionen verantwortlich sein. In Deutschland lag der Anteil der Stadtbewohner an der Gesamtbevölkerung im Jahre 2019 schon bei 77,4%, weshalb der Stadtentwicklung eine wichtige Rolle zukommt (Abbildung 1).

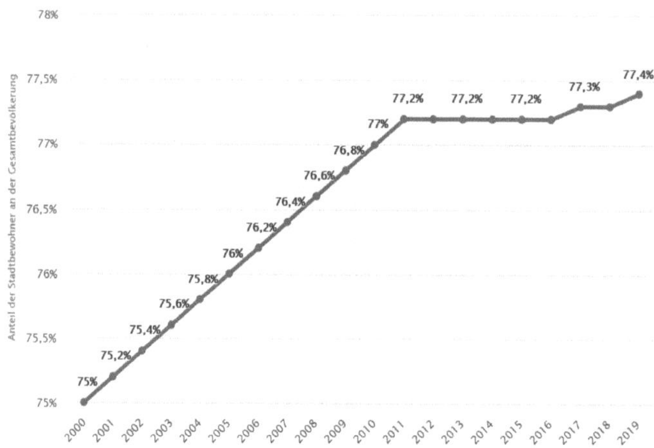

ABBILDUNG 1 URBANISIERUNGSGRAD - ANTEIL DER STADTBEWOHNER AN DER GESAMTBEVÖLKERUNG IN DEUTSCHLAND IN DEN JAHREN VON 2000 BIS 2019 (RUDNICKA, 2020)

Es besteht kein Zweifel, dass Städte als die längst dominierende Lebensform beim Übergang zu einer nachhaltigeren Welt im Rahmen der globalen Umweltproblematik eine wichtige Rolle spielen (Miller & Mössner, 2020).

In dieser Hinsicht nimmt die Stadtentwicklung allgemein, vor allem aber eine nachhaltige Entwicklung, eine große Rolle in unserer Gesellschaft ein. Diese urbane Herausforderung führt zu dem Thema „Nachhaltige Stadtentwicklung in wachsenden Städten". Davon ausgehend wird in dieser Arbeit die Stadt Freiburg untersucht und dient als Grundlage für die finale Zielsetzung und Fragestellung „Welche Rolle spielt das Konzept der Nachhaltigkeit bei der Planung der Stadterweiterung am Beispiel Freiburg-Dietenbach?".

Zu Beginn erfolgt eine Einordnung und Erläuterung der Begrifflichkeiten „Nachhaltigkeit" und „Stadtentwicklung", welche als theoretische Grundlage dem Verständnis der in vorliegender Arbeit behandelten Thematik dienen. Darauf folgt eine Bezugnahme zur Stadt Freiburg und dem geplanten neuen Stadtteil Dietenbach.

2. GRUNDLAGEN

2.1. NACHHALTIGKEIT

Die geläufigste Definition für den Begriff Nachhaltigkeit stammt von der Brundtland-Kommission. Hierbei wird nachhaltige Entwicklung als dauerhafte Entwicklung beschrieben, die die Bedürfnisse der Gegenwart befriedigt, ohne zu riskieren, dass künftige Generationen ihre eigenen Bedürfnisse nicht befriedigen können (Von Hauff, 2014). Die Kernidee der Nachhaltigkeit ist daher, dass die verfügbaren Ressourcen nur in dem Maße genutzt werden, dass auch zukünftige Generationen uneingeschränkt davon profitieren können (Von Hauff, 2014). Dieser Ansatz soll das Risiko von Ungerechtigkeiten zwischen den Generationen verringern.

Nachhaltigkeit wird daher im Allgemeinen nicht als ein konkretes Ziel beschrieben, sondern als ein Zustand der angestrebt werden sollte. Um diesen Zustand zu erreichen, wird vom Individuum verlangt global zu denken und lokal zu handeln (Stengel, Liedtke, Baedeke, & Welfens, 2008).

2.2. DAS 3-SÄULEN-MODELL DER NACHHALTIGKEIT

Eine beliebte und allgemein anerkannte Methode zur Analyse der Nachhaltigkeit ist das „Drei-Säulen-Modell", welches zeigt, dass ökonomische, ökologische und soziale Faktoren nicht voneinander getrennt bzw. gegeneinander ausgespielt werden dürfen. Die Teilaspekte der einzelnen Säulen (Abbildung 2) zeigen, dass eine enge Zusammenarbeit zwischen den drei Säulen notwendig ist, um dem Zustand der Nachhaltigkeit näher zu kommen. Laut der "Konferenz der Vereinten Nationen für Umwelt und Entwicklung", die im Juni 1992 in Rio de Janeiro stattfand, ist dies das am weitesten verbreitete Nachhaltigkeitskonzept geworden, welches das ökologische Gleichgewicht, die ökonomische Sicherheit und soziale Gerechtigkeit anstrebt. Zhu (ZHU Miaomiao, 2007) beschreibt es dennoch als ein theoretisches Konzept, das durchaus erhebliche Widersprüche aufzeigt. Ein ökonomisches Wachstum steht häufig mit einem Ressourcenverbrauch in Verbindung und beeinflusst somit die ökologische Dimension und dies widerspricht der Tatsache, dass eine intakte Natur die Voraussetzung für unsere Gesellschaft ist.

In dem „Drei-Säulen-Modell" wird die ökologische Dimension als die angemessene Nutzung der Naturressourcen beschrieben. Die ökonomische Dimension soll eine materielle Basis liefern, welche behutsam, umweltschonend und gleichberechtigt wächst und den kapitalistisch begründeten Konkurrenztrieb ausschaltet. Das Streben nach sozialer Gerechtigkeit und Zusammenarbeit, also nach Demokratie und Freiheit, wird unter der sozialen Dimension verstanden.

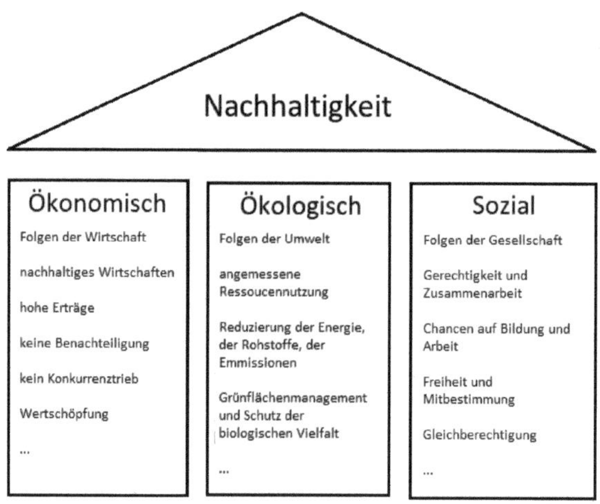

ABBILDUNG 2 DIE 3 SÄULEN DER NACHHALTIGKEIT (EIGENE DARSTELLUNG)

In der Rio-Konferenz wurden detaillierte Handlungsaufträge in dem Aktionsprogramm „Agenda 21" festgehalten. Dieses Programm wird auf nationaler Ebene, sowie auf lokaler Ebene als „Lokale Agenda 21" in einer Region oder einer Gemeinde angewendet, um die Umwelt und die Entwicklung zusammenzuführen und die nachhaltige Entwicklung voranzutreiben. Die Gleichberechtigung der Geschlechter, eine umweltverträgliche

Produktion und die Verringerung der Emissionen sind unter anderem Maßnahmen des Aktionsprogramms.

2.3. STADT

Städte sind weltweit zentrale Orte des Wohnens, des Arbeitens, der Kultur, der Bildung und der Versorgung. Sie haben eine hohe Mobilität, sowie eine große soziale und kulturelle Vielfalt (Bundesministerium für Umwelt, 2016). Die Großstädte und die Großstadtregionen gewinnen eine immer größer werdende Attraktivität, sodass die Einwohnerzahlen stetig steigen. Dies geschieht durch den positiven Bevölkerungssaldo, durch Gewinne aus Binnenwanderungen, sowie durch die bedeutsame Ökonomie der Städte (Hesse & Schmitz, 1998). In den letzten Jahren fand somit eine hohe Urbanisierung statt, wodurch die Nachfrage nach Wohnungen immer größer wird und die Preise für das Wohnen, insbesondere in der Innenstadt, immer weiter steigen. Der bezahlbare Wohnraum wird knapp und Bauland-, Wohnungsressourcen, sowie auch die Naturressourcen gehen zurück (Heineberg, 2017).

2.4. NACHHALTIGE STADTENTWICKLUNG

Die Prinzipien der Nachhaltigkeit gelten gegenwärtig in Deutschland, sowie in vielen anderen Staaten, als wichtige Leitlinien für die Stadtentwicklung (Growe & Freytag, 2019).

Growe und Freytag (Growe & Freytag, 2019) betonen, dass aufbauend auf den Brundtland-Bericht, der Konferenz in Rio de Janeiro und der Verabschiedung der Agenda 21 das Grundprinzip der nachhaltigen Entwicklung und die Ziele der Raumentwicklung in den folgenden Jahren zunehmend beeinflusst wurden. Nachdem 1992 in der Rio-Konferenz die Notwendigkeit einer nachhaltigen Entwicklung betont wurde, wurde diese 1998 in das Bundesbaugesetzbuch und in das Bundesraumordnungsgesetz (§ 1 Abs. 2 ROG) aufgenommen. Im Bundesbaugesetzbuch steht, dass unter einer Entwicklung „die sozialen, wirtschaftlichen und umweltschützenden Anforderungen in Verantwortung gegenüber künftigen Generationen, welche sozialgerechte Bodennutzung gewährleistet. Sie trägt dazu bei, eine menschenwürdige Umwelt zu sichern, die natürlichen Lebensgrundlagen zu schützen, sowie den Klimaschutz und die Klimaanpassung zu fördern" (§1 Abs. 5 BauGB) verstanden wird.

Eine nachhaltige Stadtentwicklung hat die Absicht einer quantitativen Expansion, sowie einer qualitativen Aufwertung des städtischen Raumes und seiner Lebensbedingungen. Fuhrich und Stuckstedde (Fuhrich & Stuckstedde, 2002) definieren Nachhaltigkeit als Verantwortung für einen intelligenten Umgang mit Ressourcen. Eine nachhaltige Stadtplanung hat die Aufgabe sich der Wandlung anzupassen, die ökologischen, ökonomischen und soziale Aspekte gleichermaßen in der Planung zu berücksichtigen und fair miteinander abzuwägen (Bott & Anders, 2013). Mössner (Mössner, 2015) erwähnt das problematische Verhältnis zwischen Marktorientierung und ökonomischem Wachstum einerseits und sozialer Gleichheit und Gerechtigkeit andererseits, die gleichermaßen tief im Ansatz der Nachhaltigkeit verankert sind. Das Problem der unterschiedlichen Nutzungsanforderungen und Bedürfnissen der Umwelt und der Bewohner führt häufig zu Konflikten, welche eine große Hürde der Stadtgestaltung darstellen. Für viele Städte tragen die Nachhaltigkeitsinitiativen nicht nur zur Verbesserung der Umweltbedingungen und der Lebensqualität bei, sondern auch zur Anziehung von Kapitalinvestitionen und hochqualifizierten Arbeitskräften (Miller & Mössner, 2020). Die Städte tauschen nicht nur Wissen, Erfahrungen und Praktiken aus, sondern vergleichen und konkurrieren auch miteinander in ihrem Streben nach einer Führungsrolle in Sachen Nachhaltigkeit (Affolderbach, O'Neill , & Preller, 2019).

Aufgrund der Aktualität der nachhaltigen Stadtentwicklung gibt es immer mehr Anforderungen und Elemente, welche von verschiedenen Seiten, Organisationen und Autoren aufgelistet werden. Alle weisen große Unterschiede auf, indem der Fokus unterschiedlich stark auf die verschiedenen Dimensionen der Nachhaltigkeit gerichtet wird. In der Abbildung 3 sind die Elemente von drei unterschiedlichen Quellen aufgelistet. Die WWF (One planet living) hat Kriterien des nachhaltigen Städtebaus in der Schweiz formuliert, welche zum großen Teil ökologischer Bedeutung sind. Mit dem Punkt der Einbeziehung derzeitiger und künftiger Bewohner wird als einzige weitere Dimension die soziale Dimension angesprochen. Dahingegen hat das Umweltbundesamt für Mensch und Umwelt (Umweltbundesamt, 2017) Anforderungen einer nachhaltigen Stadtentwicklung aufgelistet, welche alle drei Dimensionen der Nachhaltigkeit berücksichtigen. Auch Affolderbach et al. (Affolderbach, O'Neill , & Preller, 2019) berücksichtigt bei der Auflistung der Elemente für „grüne Quartiere" sowohl die Ökologie, als auch die Ökonomie und das Soziale. Es ist deutlich zu sehen, dass zwar alle drei Dimensionen in der Abbildung vorkommen, die Ökologische aber deutlich überwiegt. In der Abbildung 3 sind die von den drei Autoren genannten Elemente gegenübergestellt und farblich in das „3-Säulen-Modell" eingeordnet. Hierbei fällt auf, dass es ausschließlich in der ökologischen Dimension zu Überschneidungen kommt, welches die Hypothese aufzeigen lässt, dass diese Dimension in dem Modell und der nachhaltigen Stadtentwicklung die größte Rolle spielt.

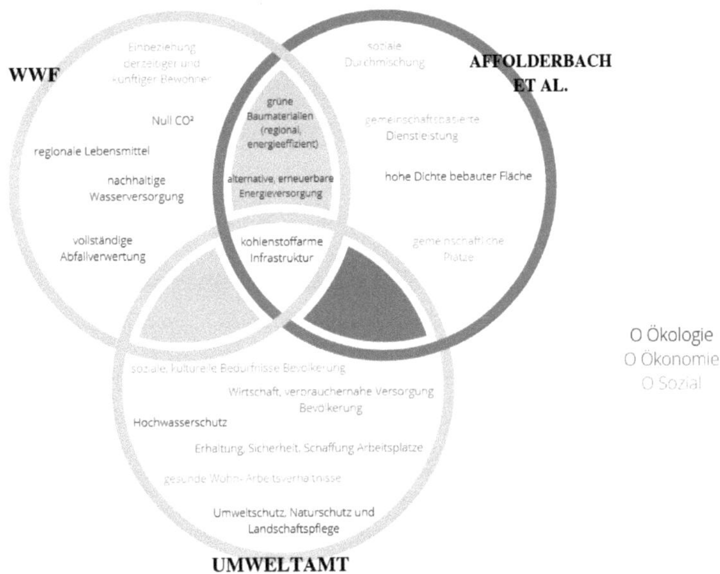

ABBILDUNG 3 ELEMENTE DER NACHHALTIGEN STADTENTWICKLUNG UNTERSCHIEDEN IN ÖKOLOGIE, ÖKONOMIE UND SOZIAL (EIGENE DARSTELLUNG IN ANLEHNUNG AN WWF, UMWELTAMT UND AFFOLDERBACH ET AL.)

Nach Growe und Freytag (Growe & Freytag, 2019) findet ein Mangel der Nachhaltigkeit statt, sobald die Integration und Ausgewogenheit aller drei Dimensionen der Nachhaltigkeit nicht stattfinden.

Die Städte, welche Konzepte für die Beziehung zwischen einer Stadt und seiner Umwelt umsetzen, werden „Ökostädte", „Green-Cities" und „nachhaltige Städte" genannt (Miller & Mössner, 2020).

3. Begründung und Bewertung des Beispiels Freiburgs

Um das Leitbild nachhaltiger Stadtentwicklung praktisch zu betrachten, wird nachfolgend die nachhaltige Stadtentwicklung am Beispiel Freiburg im Breisgau eingeführt.

Mössner (Mössner, 2015) erwähnt, dass Freiburg eine Stadt ist, die immer wieder als Beispiel für nachhaltige Stadtentwicklung genannt wird und weltweit große Aufmerksamkeit für ihre Bewegungen in diesem Bereich erregt. Vor allem die vielseitigen Initiativen und Leistungen der grünen, CO^2-reduzierten Wirtschaft, der Mobilität, der Energie, der Raumplanung und der Bürgerbeteiligung verdienen großes Interesse.

3.1. Die Stadt und ihre Wohnungsnot

Freiburg im Breisgau liegt im Südwesten des Bundeslandes Baden-Württembergs und ist durch die Vielfalt an Biotoptypen und Naturräumen wortwörtlich eine „Green-City".

Freiburg ist ein beliebter und attraktiver Ort zum Leben und Arbeiten und besitzt deshalb eine große Wachstumsdynamik. Die Stadt zählt zu den am schnellsten wachsenden Städten Baden-Württembergs, welches die Stadt vor neue Herausforderungen stellt. Für das Jahr 2020 gab das statistische Landesamt Baden-Württembergs (Freiburg, Stadt Freiburg.de, 2021) eine Einwohnerzahl von etwa 230.000 an. Die Einwohnerzahl Freiburgs steigt immer weiter, sodass die Stadt vor dem Problem der Wohnungsnot steht. Mit nur 0,5% leerstehenden Wohnungen zeigt Freiburg die geringste Leerstandsquote in Deutschland auf und beweist, dass dringend neuer Wohnraum geschaffen werden muss. Bis 2030 plant Freiburg ein Neubaubedarf von 8.900 Wohnungen, allerdings werden allein bis 2030 knapp 15.000 Wohnungen fehlen (Projektgruppe Dietenbach & Stadt, 2019). Die Wohnungsnot der Stadt führt zu stetig ansteigenden Mietpreisen (Abbildung 4), welche als Folge eine Verdrängung einkommensschwacher Einwohner mit sich bringt. Freiburg gehört bei den Miet- und Eigentumswohnungen zu den teuersten Städten Deutschlands, genauer gesagt ist die Stadt im bundesweiten Vergleich auf Platz 3 der Mieten (Stadtplanungsamt, 2014).

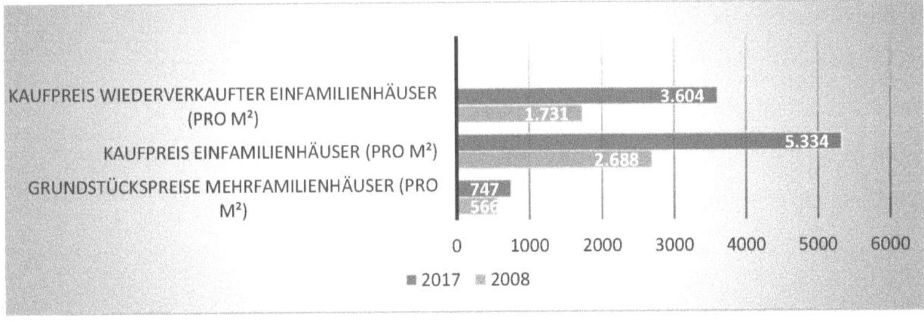

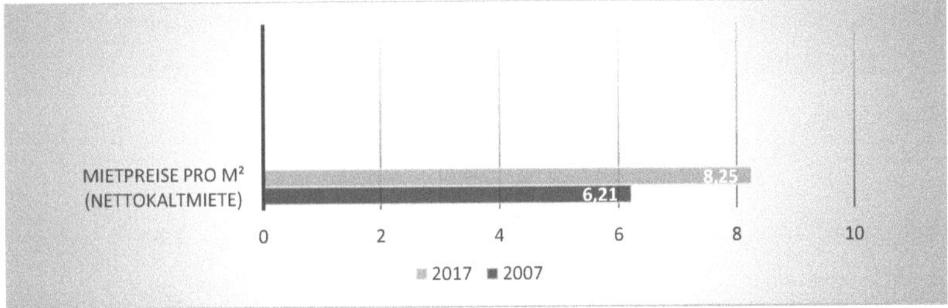

ABBILDUNG 4 ENTWICKLUNG DER M²-PREISE IN € ZWISCHEN 2007 UND 2017 IN FREIBURG (EIGENE DARSTELLUNG IN ANLEHNUNG AN PROJEKTGRUPPE DIETENBACH & STADT, 2019)

Angesichts der zunehmenden Verknappung von bezahlbarem Wohnraum und der zunehmenden Einkommensungleichheit haben viele Menschen kaum eine andere Wahl, als sich dafür zu entscheiden, in kostengünstigeren, abgelegeneren und weniger nachhaltigen Gegenden zu leben (Miller & Mössner, 2020). Dies führt zu einer Sub-Urbanisierung und mehr Pendlern über weite Strecken, welches ein Widerspruch zu Freiburgs grünen Stadtkonzept darstellt. Für einen Dienstleistungsstandort wie Freiburg ist es wichtig, dass genügend Fachkräfte in der Stadt arbeiten und leben können. Ebenso die Studenten haben kaum Aussicht auf günstigen Wohnraum, obwohl sich die Universität seit 2003 dem Leitbild der „nachhaltigen Universität" verpflichtet hat (KG, 2016).

3.2.   DER WEG ZUR NACHHALTIGKEIT

Freiburg darf sich mit Recht als ein „Geburtsort" der Umweltschutzbewegung bezeichnen. Der Freiburger Nachhaltigkeitsprozess begann durch den erfolgreichen Kampf gegen das Kernkraftwerk Wyhl in den 1970er-Jahren. Weitergeführt wurde dies durch weitere Initiativen wie die „Lokale Agenda 21", das Aalborg-Commitments und die Charta von Freiburg. Die Stadt bekommt durch Auszeichnungen wie „European City of the Year" oder „Nachhaltigste Großstadt Deutschlands" großen Zuspruch in Bezug auf ihr Engagements in der Nachhaltigkeit. Sie trägt auf lokaler Ebene zur Umsetzung der global gültigen Ziele einer nachhaltigen Entwicklung der Vereinten Nationen bei (KG, 2016).

Die Stadt betont in verschiedenen Ansätzen ihre Vereinbarkeit von Umwelt und Ökonomie im Allgemeinen und die Freiburger Kompetenz darin (Affolderbach, O'Neill , & Preller, 2019). Jedoch ist Growe und Freytag (Growe & Freytag, 2019) der Meinung, dass Freiburg der ökologischen Dimension der Nachhaltigkeit die größte Aufmerksamkeit schenkt.

Als Beispiele für Freiburgs Fortschrittlichkeit im Hinblick auf eine nachhaltige Stadtentwicklung nennt die Academy of Urbanism laut Sipple (Sipple, 2016) unter anderem folgende Elemente:

- überdurchschnittlich hohe Lebensqualität
- positive Entwicklung des Arbeitsmarktes
- sozial-inklusive Ansätze neuer Wohnquartiere
- Nutzung erneuerbarer Energien
- flächendeckenden Nahversorgern der Stadtteile
- Grünflächenmanagement

Für die „Green-City" ist Nachhaltigkeit nicht nur Gegenstand ihrer Umwelt- und Klimaschutzkonzepte, sondern auch die treibende Kraft für die positive Entwicklung von Wirtschaft, Bildung und Wissenschaft. Die Schaffung von bezahlbarem Wohnraum ist eine der zentralen Aufgaben der Stadtentwicklung Freiburgs.

Die große Anerkennung der Nachhaltigkeit der Stadtentwicklung ist im Großen und Ganzen auf die beiden „Ökoviertel" Rieselfeld und Vauban aus den 1990er Jahren zurückzuführen, die in Richtung sozialer, wirtschaftlicher und insbesondere ökologischer Nachhaltigkeit große Fortschritte machten und das grüne Image der Stadt stärken (Miller & Mössner, 2020).

Die Stadt hat große Fortschritte bei der Förderung von nachhaltiger Mobilität, erneuerbaren Energien und Lebensqualität gemacht, was dazu führte, dass Freiburg noch attraktiver wurde und das Problem des Wohnungsmarktes sich vergrößerte (Miller & Mössner, 2020). Die Forderung nach sozialer Gerechtigkeit, Toleranz und Heterogenität steht hierbei der Wachstumsorientierung entgegen (Mössner, 2015).

4. DER NEUE STADTTEIL DIETENBACH

Der große Bedarf an bezahlbarem Wohnraum in Freiburg erfordert die Entwicklung eines neuen Stadtteils. Neubau ist hierbei ein zentraler Schlüssel zur Bekämpfung der Wohnungsnot. Die Bereitstellung von bezahlbarem Wohnraum ist derzeit ein blinder Fleck in Freiburgs nachhaltiger Stadtentwicklung. Growe und Freytag (Growe & Freytag, 2019) sind der Meinung, dass durch die wachsende Bevölkerung ein Druck auf den Wohnungsmarkt lastet, der nicht wirksam von anderen Gebieten Freiburgs aufgefangen werden kann.

In diesem Kapitel geht es darum, wie Dietenbach auf Freiburgs Erfolge der Quartiersentwicklung aufbauen kann und auf die Wohnungsknappheit und Unbezahlbarkeit reagieren kann, sowie in wie weit die drei Säulen der Nachhaltigkeit berücksichtigt werden.

Sofern nicht anders bezeichnet, wurden die Informationen im nachfolgenden Kapitel aus (Freiburg, Stadt Freiburg.de, 2021) entnommen.

4.1.   DER BESCHLUSS

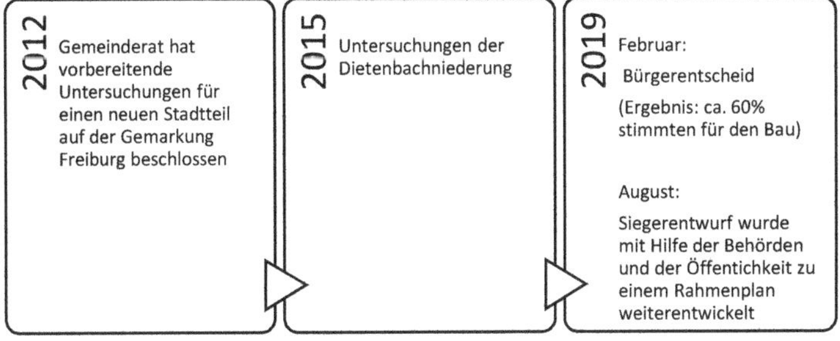

ABBILDUNG 5 DER WEG ZUM SIEGERENTWURF DES STADTTEIL DIETENBACHS (EIGENE DARSTELLUNG IN ANLEHNUNG AN STADT FREIBURG, 2020)

Der Bau des Stadtteils kommt überraschend für die, die Freiburgs Engagement für Nachverdichtung und urbane Eingrenzung gelobt haben, jedoch nicht überraschend für die, welche die Wohnungsnot in Freiburg schon lange als große Herausforderung sehen.

Aus den Entwürfen der Stadt Freiburg (Freiburg, Stadt Freiburg.de, 2021) lassen sich folgende Ziele und Vorgaben herausfiltern:

- ca. 100 ha großes Gebiet, ca. 4 km von der Innenstadt entfernt

- ca. 6.900 Wohnung für ca. 15.000 Menschen

- bezahlbarer, sozialgeförderter Wohnraum

- klimaneutral

- gute, vielfältige Infrastruktur

- umweltfreundliche Energieversorgung, u.a. mit Niedrigenergiehäuser

- sozial ausgewogenen Struktur

Anm. der Red.: Die Abb. wurde aus urheberrechtlichen Gründen entfernt.

ABBILDUNG 6 BEBAUUNGSPLÄNE DIETENBACH (FREIBURG, STADT FREIBURG.DE, 2020) (FREIBURG, STADT FREIBURG.DE, 2021)

4.2. DIE DREI SÄULEN DER NACHHALTIGKEIT

Um die Nachhaltigkeit der Planung der Stadterweiterung Dietenbach zu bewerten, wird im Folgenden auf die drei Säulen der Nachhaltigkeit Bezug genommen.

4.2.1. ÖKOLOGISCHE DIMENSION

Fakt ist, dass aus ökologischer Sicht ein Eingriff in die Natur und Landschaft eintritt und somit die Entwicklung auf der grünen Wiese im Widerspruch zum Prinzip "Natur und Umwelt" mit dem Schwerpunkt auf Grünflächen und Biodiversität der Stadt steht. Aus regionaler Sicht wird der Flächenverlust in der Landwirtschaft Auswirkungen auf die klimatischen Bedingungen und Funktionen des Standortes haben, sowie einen Verlust regionaler Produkte mit sich ziehen. Ein Siedlungsdruck im Umland würde jedoch voraussichtlich mehr als doppelt so viel Flächenverbrauch und Umweltbelastungen durch einen längeren Pendelverkehr nach sich ziehen. Die Möglichkeiten neue Flächen zu generieren und die Nachverdichtungen würden lange nicht ausreichen, um der Wohnungsnot entgegenzuwirken. Für einen möglichst geringen Verlust landwirtschaftlicher Fläche ist eine hohe Dichte der bebauten Fläche angedacht. Dietenbach plant die Versiegelung zu verringern und die Ausgleichsfläche und das Brachland zu vergrößern, welches z.B. durch den Verzicht der Wegebeziehung zu Rieselfeld deutlich wird. Insgesamt werden etwa 70 ha landwirtschaftliche Ersatzfläche benötigt, sowie ca. 4 ha Waldfläche. Die in Anspruch genommenen Naturflächen werden zwar durch Ersatzflächen für die betroffenen Landwirte und durch Aufforstung, sowie Schutz- und Gestaltungsmaßnahmen auf anderen Waldflächen ersetzt, dennoch fallen diese Flächen, die zurzeit dem Allgemeinwohl und dem Klima- und Naturschutz dienen, weg. Für den Flächenausgleich und die Erhöhung der Biodiversität ist eine starke Durchgrünung geplant. Im Stadtteil Dietenbach werden im Straßenraum, auf Plätzen und in Parks, sowie in den Innenhöfen wesentlich mehr Einzelbäume stehen als bisher auf der Fläche vorhanden sind. Die Dach-, Fassadenbegrünung und viele Bäume entlang der Straßen sollen die Hitzeentwicklung reduzieren.

Die klimaneutrale, nachhaltige und wirtschaftliche Energieversorgung durch energieeffiziente Bauweisen ist zum Beispiel durch die Nutzung von Solarenergie und Umweltwärme geplant. Es werden keine fossilen Energieträger, oder

Verbrennungsprozesse genutzt. Durch den sparenden Umgang mit Ressourcen durch die hohe Baudichte und die optionale Flächenausnutzung wurde ein Energiekonzept aufgestellt, welches möglichst klimaneutral ist. Die Stadt plant alles möglichst ressourcenschonend und umweltfreundlich zu bauen. Ein umfassendes Angebot an umweltfreundlichen Mobilitätsformen ist zu Gunsten der in Abbildung 3 dargestellten Elemente ein wesentlicher Bestandteil des Konzepts zur Fahrzeugreduzierung im Stadtteil. Der Stadtbahnanschluss, ein gutes Radwegenetz und Car-Sharing-Angebote machen die BewohnerInnen unabhängig vom eigenen Auto und die Wohnstraßen möglichst autofrei. Die Verkehrsplanung ist integrativ mit Fokus auf den Umweltverbund und gemäß dem Prinzip „Stadt der kurzen Wege".

Ein Widerspruch des klimaneutralen Stadtteiles findet bei der geschätzten 1,5 Mio. m³ Aufschüttung des Gebietes statt. Hierbei fällt ein hoher Energieverbrauch und CO^2-Ausstoß statt, welcher zu Gunsten der Stadt durch Erdmaterial der derzeitigen Bauprojekte in der Region verringert werden kann. Ein weiteres Problem entsteht durch die Hochwassergefahr des Gewässers Dietenbach. Die Stadt wird diesen Bereich mit ökologischen, landschaftsverträglichen Kriterien naturnah als Überschwemmungsbereich umbauen. Dadurch entsteht gleichzeitig eine Gewässeraufwertung für die künftigen BewohnerInnen. Somit werden die Belange des Hochwasserschutzes des Umweltamtes erfüllt.

4.2.2. Ökonomische Dimension

Die Stadt plant, dass Gewerbe wie Handwerksbetriebe und Start-Ups am nördlichen Stadtteileingang in einem Gebäude auf mehreren Etagen bzw. in Form von Handwerkerhöfen an der Bundesstraße Platz finden. Die Auslegung des Einzelhandels auf 16.000 Menschen soll verhindern, dass der Einzelhandel in Rieselfeld gestört wird. Die gemeinschaftsbasierten Dienstleistungen wie Gastronomien und Bäcker sind im Umfeld der Quartiersplätze vorgesehen. Durch diese Dienstleistungen werden neue Arbeitsplätze geschaffen und die Belange der Wirtschaft und der verbrauchernahen Versorgung der Bevölkerung wird berücksichtigt.

4.2.3. Soziale Dimension

Allgemein wird der Stadtteil Dietenbach inklusiv und barrierefrei für Menschen jeden Alters und jeden Lebensstils konzipiert. Das Ziel ist die Förderung einer sozialen

Durchmischung. Bei der Planung werden verschiedene Orte der Begegnung wie ein Stadtteiltreff, das Haus der Kirchen, ein Sporttreff und ein Jugendzentrum geplant. Der Anteil des geförderten, mietpreisgedämpften und freifinanzierten Wohnungsbaus ist hoch angesetzt, denn es werden mindestens 50 Prozent der Wohneinheiten als geförderte Mietwohnungen errichtet. Kindertagesstätten und ein Schulzentrum sichern die Voraussetzungen für die Bildung.

Ein weiterer Faktor der sozialen Dimension ist die Einbeziehung der BürgerInnen. Die FreiburgerInnen wurden von Beginn an mit einem intensiven Dialogprozess in die Planung und Umsetzung des neuen Stadtteils eingebunden. Der Bau wurde durch das knappe Ergebnis von 60 zu 40 Prozent des Bürgerentscheides getroffen und machte aus Teilhabe eine Planungskultur. Ein weiterer sozialer Faktor ist die Schaffung von Arbeitsplätzen, welche durch Dienstleistungen und Bildungsangebote zahlreich für die BürgerInnen geschaffen werden.

Die soziale Dimension ist jedoch durch den Flächenverlust der Landwirte, der relativ geringen Bürgerbeteiligung von ca. 50 Prozent und der fehlenden Erwartungen der BürgerInnen fraglich. Die BürgerInnen wurden ebenso enttäuscht als die Forderung einer eigenen Straßenbahnlinie von der Stadt ignoriert wurde. Die Straßenbahnlinie Rieselfeld wird jetzt nur verlängert. Dies stellt die etwa 12.500 neuen Einwohner am äußersten Rand der Stadt vor eine Herausforderung und das Prinzip der "Stadt der kurzen Wege" in Frage (Rettet-Dietenbach.de). Das Prinzip geförderter Mietwohnungen ist in Rieselfeld schnell gekippt. Inzwischen sind 90% der Wohnungen aus der Sozialbindung gefallen und das Quartier ist teurer als Freiburgs Durchschnitt. Die Sozialwohnungen in Dietenbach sollen zwar länger sozial bleiben, dennoch nicht für immer. Sollte in Dietenbach das gleiche Problem eintreten, hat sich die Stadt selbst widersprochen und zu der Bereitstellung günstigen Wohnraums „nein" gesagt.

5. BEWERTUNG

Diese Arbeit gibt einen kleinen Einblick in das Thema der nachhaltigen Stadtentwicklung und untersucht die Stadt Freiburg, sowie den geplanten Stadtteil Dietenbach. Durch die Komplexität des Themas und die unterschiedlichen Ansätze des Themenbereiches wurde in dieser Arbeit nicht die Gesamtheit und alle Details abgebildet. Dennoch ist eine

Grundlage zur Bewertung der Forschungsfrage „Welche Rolle spielt das Konzept der Nachhaltigkeit bei der Planung der Stadterweiterung am Beispiel Dietenbach?" gegeben.

Bei dem Bau Dietenbach treffen viele Argumente zusammen, welche gegenseitig abgewogen werden müssen. Zum einen kann man sagen, dass der Stadtteil für die Wohnungsnot der Stadt gebraucht wird, zum anderen, dass dies erst die Nachfrage schafft und viele ökologische Nachteile mit sich bringt. Der knappe Bürgerentscheid beschreibt das Dilemma sehr gut.

In der folgenden Tabelle sind die in Abbildung 3 beschriebenen Kriterien nachhaltiger Stadtentwicklung aufgeführt und auf die Planung Dietenbachs angewendet.

	Erfüllt	Teilweise erfüllt	Nicht erfüllt	
Ökologie				
Null CO²			X	Hoher CO²-Ausstoß durch die Aufschüttung, Kfz-Verkehr, …
Regionale Lebensmittel			X	Flächen der Landwirtschaft, welche zurzeit für regionale Lebensmittel sorgen, fallen weg
Nachhaltige Wasserversorgung	X			z.B Gewässeraufwertung durch den Umbau des Dietenbachs
Vollständige Abfallversorgung				Keine Angaben
Kohlenstoffarme Infrastruktur	X			Stadtbahnanschluss, gutes Radwegenetz, Car-Sharing-Angebote, E-Mobilität
Alternative, erneuerbare Energieversorgung	X			energieeffiziente Bauweisen, Nutzung von Solarenergie und Umweltwärme, keine fossilen Energieträger/Verbrennungsprozesse
Grüne Baumaterialien	X			Bau z.B. mit Holz
Hohe Dichte bebauter Fläche	X			optimale Flächenausnutzung, geringe Versiegelung
Hochwasserschutz	X			Dietenbach wird zu einem Überschwemmungsbereich umgebaut
Umweltschutz, Naturschutz, Landschaftspflege		X		Landwirtschaftliche Fläche wird bebaut, Ausgleichsflächen werden geschaffen, Einzelbäume werden gepflanzt, Parks angelegt, Dach- und Fassadenbegrünung, …

Ökonomie				
Gemeinschaftsbasierte Dienstleistungen	X			Gastronomie, Bäcker, …
Wirtschaft, verbrauchernahe Versorgung	X			Einzelhandel, Nähe zur Innenstadt, Handwerksbetriebe/Handwerkerhöfe, …
Erhaltung, Sicherung, Schaffung von Arbeitsplätzen	X			Arbeitsplätze in den Dienstleistungen, Bildungsangeboten, …

Sozial				
Soziale Durchmischung	X			Durch Sozialbauwohnungen inklusiv, barrierefrei, …
Gemeinschaftliche Plätze	X			Parks, Stadtteilplatz, …
Soziale, kulturelle Bedürfnisse der Bewohner	X			Schulzentrum, Sporttreff, Jugendzentrum, Haus der Kirchen, …
Gesunde Wohn- und Arbeitsverhältnisse				Keine Angaben
Einbeziehung derzeitiger und künftiger Bewohner		X		Bürgerbeteiligung, jedoch wenig Berücksichtigung der GegnerInnen und Wünsche

ABBILDUNG 7 KRITERIEN DER NACHHALTIGKEIT ANGEWENDET AN DIETENBACH (EIGENE DARSTELLUNG)

Aus der Abbildung 7 kann man entnehmen, dass die Stadt bei der Planung alle drei Dimensionen der Nachhaltigkeit berücksichtigt hat. Der größte Wert wurde auf die ökologische Dimension gesetzt, welches die Theorie von Growe und Freytag (Der Weg zur Nachhaltigkeit) unterstützt. Dennoch wurden auch die anderen zwei Dimensionen ausreichend miteinbezogen.

Das Konzept der Nachhaltigkeit nimmt eine große Rolle in der Planung der Stadterweiterung Dietenbach ein.

LITERATURVERZEICHNIS

Affolderbach, J., O'Neill , K., & Preller, B. (04. 11 2019). Global-local tensions in urban green neighbourhoods: a policy mobilities approach to discursive change. *Geografiska Annaler: Series B, Human Geography*, S. 271-290.

Bott, H., & Anders, S. (2013). *Nachhaltige Stadtplanung - Konzepte für nachhaltige Quartiere.* Institut für Internat. Architektur-Dok.

Bundesministerium für Umwelt, N. u. (2016). *Stadtentwicklungsbericht der Bundesregierung 2016: Gutes Zusammenleben im Quartier.* Berlin: heute im Bundestag.

Freiburg, S. (15. 07 2020). *Stadt Freiburg.de.* Von https://www.freiburg.de/pb/site/Freiburg/node/1310558?QUERYSTRING=10%20milliarde abgerufen 12.03.2021

Freiburg, S. (13. 03 2021). *Stadt Freiburg.de.* Von https://www.freiburg.de/pb/207904.html abgerufen 12.03.2021

Freiburg, S. (15. 02 2021). *Stadt Freiburg.de.* Von https://www.freiburg.de/pb/500645.html abgerufen 13.03.2021

Fuhrich, M., & Stuckstedde, M. (2002). *Ressourcenverantwortung als Maximenachhaltiger Stadtentwicklung,* S. 11-19.

Growe, A., & Freytag, T. (2019). *Image and implementation of sustainable urban development: Showcase projects and other projects in Freiburg, Heidelberg and Tübingen, Germany.* Raumforschung und Raumordnung | Spatial Research and Planning.

Heineberg, H. (2017). *Stadtgeographie.* Paderborn: Ferdinant Schöningh.

Hesse, M., & Schmitz, S. (1998). Stadtentwicklung im Zeichen von ÑAufl^sungîund Nachhaltigkeit. *Informationen zur Raumentwicklung,* S. 435-453.

KG, F. W. (12 2016). *Freiburg.de/greencity.* Von https://prospektbestellung.toubiz.de/media/prospekt/file/15876627_13_Freiburg_Green_City _Broschuere_Deutsch.pdf abgerufen 03.03.2021

Miller, B., & Mössner, S. (09. 06 2020). Urban sustainability and counter-sustainability: Spatial contradictions and conflicts in policy and governance in the Freiburg and Calgary metropolitan regions. *Urban Studies,* S. 2241-2262. Von https://journals.sagepub.com/doi/pdf/10.1177/0042098020919280?casa_token=Mt-- QdnVUyMAAAAA:d5JcP2dlpgV- tvo7186LmS6WtCG8Qz1H6cd5HQqF2DU5liS5TAYDY2miHcjLZLOClogKAAS6lve9 abgerufen 25.02.2021

Mössner, S. (01. 10 2015). Urban development in Freiburg, Germany – sustainable and neoliberal? *Die Erde - Journal of the Geographical Society of Berlin,* S. 189-193.

One planet living. (kein Datum). *one planet living.ch.* Von https://oneplanetliving.ch/die- methode/?lang=de abgerufen 10.03.2021

Projektgruppe Dietenbach, & Stadt, F. (2019). *Stadt Freiburg.de.* Von Mehr Fakten als Hektar: Alles Wissenswerte zu Dietenbach auf 20 bebilderten Schautafeln.: https://www.freiburg.de/pb/site/Freiburg/get/params_E-1989432668/1416935 abgerufen 14.03.2021

Rudnicka, J. (28. 08 2020). *statista.com.* Von https://de.statista.com/statistik/daten/studie/662560/umfrage/urbanisierung-in-deutschland/ abgerufen 26.02.2021

Sipple, D. (08 2016). *Perspektiven des Urban Gardening in Freiburg - Konflikte, Barrieren und Potentiale urbaner Gemeinschaftsgärten.* Freiburg.

Stadtplanungsamt, D. V. (2014). *Stadt Freiburg.de.* Von https://www.freiburg.de/pb/site/Freiburg/get/params_E1287687103/819329/Anl%20age_2.p df abgerufen 13.03.2021

Stengel, O., Liedtke, C., Baedeke, C., & Welfens, M.-J. (2008). Theorie und Praxis eines Bildungskonzeptsfür eine nachhaltige Entwicklung. *Umweltpsychologie,* S. 29-42.

Thumm, A. (08 2017). Applying the Freiburg Charter to the Dietenbach Neighbourhood Development. *Academia.*

Umweltbundesamt. (2017). *Umweltbundesamt.de.* Von https://www.umweltbundesamt.de/themen/nachhaltigkeit-strategien-internationales/planungsinstrumente/umweltschonende-raumplanung/stadtentwicklung#die-kompakte-funktionsgemischte-stadt-mit-urbanem-grun-und-offentlichen-freiraumen-vorschlage-fur-massnahmen-d abgerufen 10.03.2021

Von Hauff, M. (2014). *Nachhaltige Entwicklung: Grundlagen und Umsetzung.* München: Oldenbourg Wissenschaftsverlag.

ZHU Miaomiao, M. (27. 11 2007). *Kontinuität und Wandel städtebaulicher Leitbilder. Von der Moderne zur Nachhaltigkeit. Aufgezeigt am Beispiel Freiburg und Shanghai.* Darmstadt.

BEI GRIN MACHT SICH IHR WISSEN BEZAHLT

- Wir veröffentlichen Ihre Hausarbeit,
  Bachelor- und Masterarbeit

- Ihr eigenes eBook und Buch -
  weltweit in allen wichtigen Shops

- Verdienen Sie an jedem Verkauf

Jetzt bei www.GRIN.com hochladen
und kostenlos publizieren